I0816018
¡Saludos, bisonte!
1

MARAVILLAS ANIMALES 18

LOS BISONTES

QUINN M. ARNOLD

CREATIVE EDUCATION | CREATIVE PAPERBACKS

LOS BÚFALOS VIVEN EN ASIA Y ÁFRICA. ¡SOY UN BISONTE!

Índice

Publicado por Creative Education
P.O. Box 227, Mankato, Minnesota 56002
Creative Education es un sello editorial de
The Creative Company
www.thecreativecompany.us

Diseño de Graham Morgan
Dirección artística de Tom Morgan

Imágenes de Alamy/Andrew Kandel, 23, Keith Crowley, 14-15; Dreamstime/Glenn Nagel, 1, Lynnbellphoto, 2, Isselee, 3, 4, 20-21, 24, Madd, 6-7, Sherry Young, 8-9; Betty4240, 10-11, Rinus Baak, 13; flickr/ Brian Gratwicke, 17; Getty Images/JohanWElzenga, 16; Pexels/tyrese myrie, portada (centro); Public Domain/Biodiveristy Heritage Library, portada (izquierda); Unsplash/Thomas Fields, 18-19, Vincent Ledvina, portada (derecha)

Library of Congress Cataloging-in-Publication Data
Names: Arnold, Quinn M., author.
Title: Los bisontes / by Quinn M. Arnold.
Other titles: Bison. Spanish
Description: Mankato, Minnesota : Creative Education and Creative Paperbacks, [2025] | Series: Maravillas | Includes index. | Audience: Ages 4-7 | Audience: Grades K-1 | Summary: "An introduction to bison, this beginning reader features eye-catching photographs, humorous captions, and basic life science facts about these prairie animals. This Spanish text includes a labeled image guide, glossary, and index"-- Provided by publisher.
Identifiers: LCCN 2024021894 (print) | LCCN 2024021895 (ebook) | ISBN 9798889895022 (library binding) | ISBN 9781682777138 (paperback) | ISBN 9798889895145 (ebook)
Subjects: LCSH: American bison--Juvenile literature.
Classification: LCC QL737.U53 A76518 2025 (print) | LCC QL737.U53 (ebook) | DDC 599.64/3--dc23/eng/20240627

Impreso en China

Los bisontes son los animales terrestres más grandes de Norteamérica. La mayoría de los bisontes viven en praderas. Algunos viven en bosques.

Los bisontes pardos tienen **pelaje** peludo. Les da calor en el invierno. Se aclara en verano.

¡DATE PRISA PIEL,
TENGO CALOR!

Todos los bisontes tienen cuernos. Tienen una gran joroba en la espalda.

LA JOROBA DE UN BISONTE ESTÁ LLENA DE MÚSCULOS FUERTES.

Los bisontes comen la hierba y otras plantas. Es más difícil encontrar la comida en el invierno. A veces, los bisontes tienen que mover la nieve con sus cabezas grandes. Luego cavan en busca de comida.

HAY UN BOCADILLO AQUÍ EN ALGUNA PARTE . . .

ALGUNOS LLAMAN A LAS CRÍAS DEL BISONTE "PERROS ROJOS". ESO ES POR SU PELAJE.

Las crías del bisonte se llaman terneros. Su pelaje es café claro. Los terneros juegan juntas.

Los bisontes grandes viven en grupos llamados bandas. **Se revuelcan** en la tierra. Buscan comida.

¿A DÓNDE VAMOS?

¡Adiós,
bisonte!

[Imagina un bisonte]

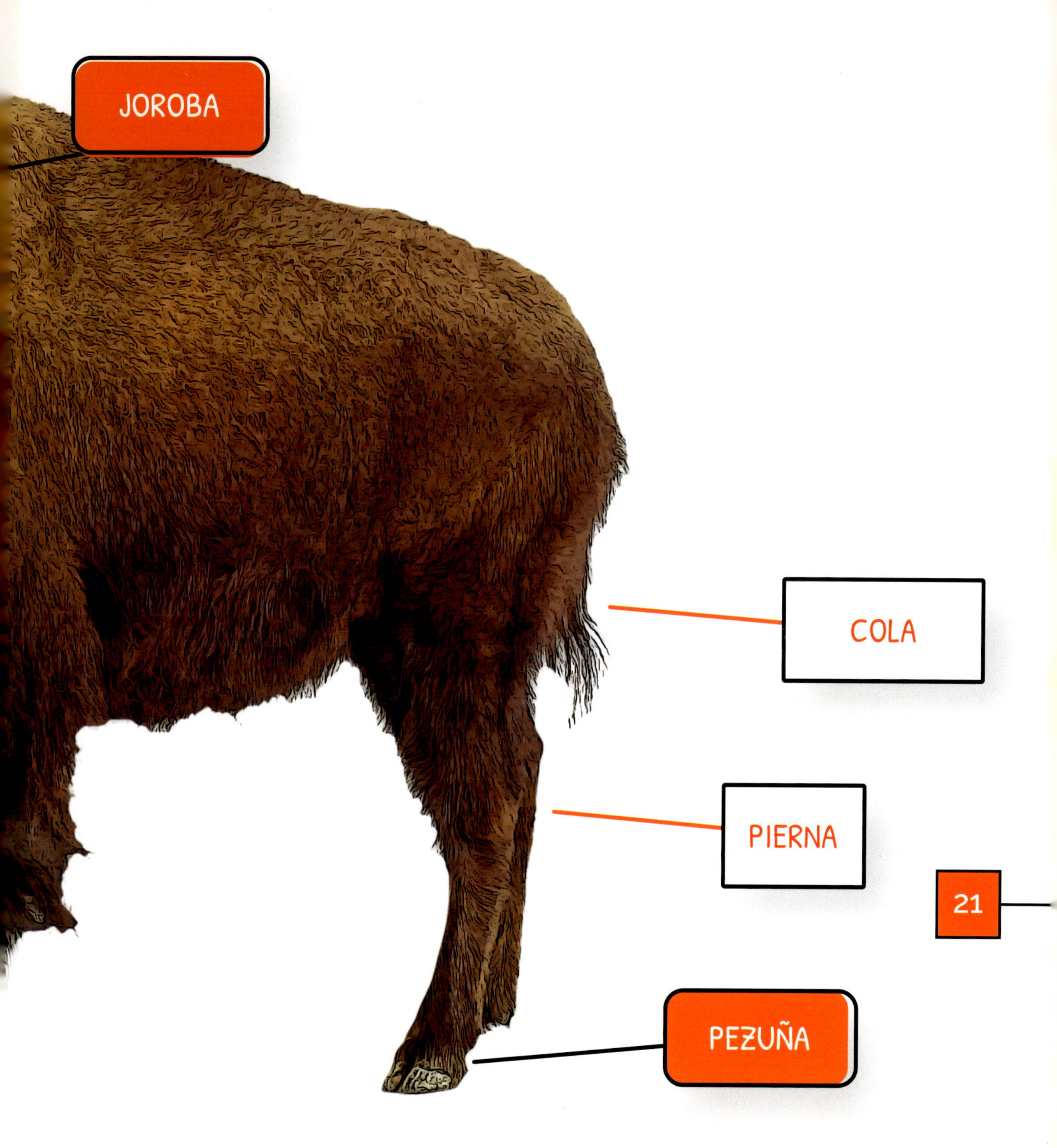
JOROBA
COLA
PIERNA
PEZUÑA

PALABRAS QUE DEBES CONOCER

Norteamérica: uno de los siete continentes de la Tierra, o grandes trozos de tierra

pelaje: el pelo corto y peludo que cubre a un animal

revolcarse: rodar en tierra, barro o agua para mantenerse fresco y evitar que te piquen los bichos

ÍNDICE